PARIS

IMPRIMERIE DE L. TINTERLIN ET Ce

Rue Neuve-des-Bons-Enfants, 3

LA

CLEF DU TEMPS

Jamais, quels que puissent être les progrès de la science, on ne pourra prédire le temps.
(F. ARAGO.)

Le doute est une preuve de modestie, il a rarement nui au progrès des sciences; on n'en pourrait pas dire autant de *l'incrédulité*. Celui qui, en dehors des mathématiques pures, prononce le mot *impossible*, manque de *prudence*, la réserve est un *devoir*. (F. ARAGO).

Croire tout découvert est une erreur profonde,
C'est prendre l'horizon pour les bornes du monde.

Il n'y a pas d'effet sans cause.
Cherchez! vous trouverez.

PARIS

E. DENTU, LIBRAIRE-EDITEUR

PALAIS-ROYAL, 17 ET 19, GALERIE D'ORLÉANS

1863

LA

CLEF DU TEMPS

Les variations atmosphériques, de même que les marées océaniques et les courants de la mer, sont le résultat de la compression de l'air causée par la rotation de la Terre, combinée avec les révolutions de la Lune et des autres planètes sous l'influence du Soleil. Nous allons démontrer cette vérité dans le travail suivant.

Le Soleil, astre central de notre système planétaire, par sa puissance calorique et éclairante, donne le mouvement à tout ce qui est susceptible de vivre et de végéter sur notre globe. En effet,

1.

sans cette chaleur, sans cette lumière, et surtout sans les vapeurs que le Soleil aspire d'une manière incessante de la Terre et des eaux principalement, vapeurs qui retombent ensuite sous forme de pluie, grêle, neige ou rosée, notre planète serait stérile et inhabitée.

Mais, si le Soleil est le grand producteur de calorique et de vapeur, la Lune, particulièrement, comme satellite de la Terre, et les autres planètes, subsidiairement, lors de leurs passages périodiques dans le voisinage de la Terre, opèrent sur cette dernière la répartition de ce calorique et de cette vapeur, qui, sans cela, se trouveraient toujours concentrés dans la région de notre globe qu'on appelle la zone torride, et rendraient cette partie de la terre trop chaude et trop humide tout à la fois, par conséquent insalubre et inhabitable, de même que les latitudes supérieures seraient constamment sèches et froides, et, par ce fait, également stériles et inhabitables.

Certains météorologistes, particulièrement les astronomes, qui attribuent au Soleil, seul, cette puissance distributrice, commettent une profonde erreur ; car, sans cette action de la Lune et des autres planètes, comment expliquer tous les phénomènes météorologiques qui se produisent constamment dans la nature ? L'uniformité du mouvement atmosphérique, par le fait unique du Soleil, rendrait cette explication impossible. La Providence, dans sa sagesse, a assigné aux planètes comme au Soleil un rôle, et leur a donné un but utile dans la nature. Le contraire ne se comprendrait pas, et ce rôle, ce but, c'est, vis-à-vis de la Terre, de répartir, de distribuer le calorique et les vapeurs produits par le Soleil.

Notre planète est entourée d'une atmosphère indispensable à la vie de l'homme et des animaux, et à la végétation des plantes, et cette atmosphère a besoin d'être composée de plusieurs éléments dont la chimie a reconnu et indiqué les bases ; et pour que ces éléments se trouvent réunis et répartis partout où ils sont nécessaires, il faut que cette atmosphère soit continuellement en mouvement. Pour expliquer ce mouvement, causé par les révolutions des planètes sous l'influence du Soleil, il est indispensable que nous donnions, ici, un aperçu d'astronomie planétaire, à l'adresse seulement des lecteurs étrangers à cette science, qui voudraient se rendre compte, par eux-mêmes, de la valeur des principes météorologiques développés ci-après.

———

Notre grand luminaire, le Soleil, astre fixe à notre égard; mais à notre égard seulement, est placé au centre de plusieurs planètes qui circulent autour de lui, par le principe attractif, dans des orbites en forme d'ellipses, et en tournant en même temps sur elles-mêmes.

Les principales planètes sont, par ordre de distance : *Mercure*, *Vénus*, la *Terre* avec son satellite la *Lune*, *Mars*, *Jupiter*, *Saturne*, *Uranus* et *Neptune*.

Mercure et Vénus sont appelées planètes inférieures, parce que leurs orbites se trouvent placées entre la Terre et le centre commun, le Soleil ; et Mars, Jupiter, Saturne, Uranus et Neptune, sont appelées planètes supérieures, parce que leurs mouvements se font dans des orbites placées au delà de l'orbe terrestre.

Les mouvements de tous ces corps se font d'Occident en Orient, bien que, vus de la Terre, ils paraissent se faire dans le sens contraire, illusion résultant du mouvement de rotation de la Terre, qui se fait aussi d'Occident en Orient.

Ces mouvements, ou révolutions, ont lieu dans une zone de la sphère céleste que l'on nomme zodiaque, et dont la largeur est divisée en deux parties égales par un grand cercle imaginaire de la même sphère, appelé l'écliptique, incliné sur l'équateur de 23° 28', et que parcourt le Soleil dans le courant de l'année.

L'équateur est aussi un grand cercle imaginaire de la sphère céleste, qui partage la Terre en deux parties égales perpendiculairement au méridien, et où le Soleil se trouve deux fois dans l'année, au printemps et à l'automne, époques que l'on appelle équinoxes, et qui ont lieu vers le 21 mars et 21 septembre.

La science astronomique a aussi imaginé deux

autres grands cercles qui sont parallèles à l'équateur et que l'on nomme tropiques ; ils sont, l'un au nord et l'autre au midi de l'Équateur, à une distance de 23° 28′ ; celui du nord s'appelle tropique du Cancer, et celui du midi tropique du Capricorne. Ces deux cercles indiquent la déclinaison extrême nord et sud du Soleil aux mois de juin et de décembre. Quand le Soleil se trouve, vers le 22 décembre, au tropique du Capricorne, ce point de déclinaison s'appelle solstice d'hiver ; quand, au contraire, il se trouve vers le 22 juin au tropique du Cancer, ce point de déclinaison prend le nom de solstice d'été.

Ces différents points de déclinaison du Soleil aux équinoxes et aux solstices forment la démarcation et le point de départ de nos quatre saisons.

Le Soleil, dans ses déclinaisons, ne dépasse jamais les deux cercles tropicaux qui forment, par conséquent, les limites de l'écliptique ; mais la Lune et les autres planètes les dépassent quelquefois, les calculs astronomiques indiquent ces circonstances.

On appelle satellites, des planètes secondaires qui tournent autour des planètes principales (la Lune, par exemple), et qui ont, en raison de cela, un triple mouvement : le mouvement sur leur axe, le mouvement autour de la planète, dont elles dépendent, et le mouvement autour du Soleil qu'elles accomplissent en suivant cette planète.

Les révolutions périodiques des planètes, ou le temps qu'elles emploient à revenir au même point du ciel, se détermine en observant leur retour à la même étoile, qui, elle, est invariable.

Mercure et Vénus, qui accompagnent toujours le Soleil, tantôt le suivant, tantôt le précédant, font leurs révolutions périodiques : la première en 116 jours, et la seconde en 224 jours et 17 heures ; Mercure se trouve tous les 88 jours entre le Soleil et la Terre, et Vénus tous les 584 jours. Lorsqu'elles se trouvent dans ces positions, on dit qu'elles sont en conjonction inférieure.

Le volume de Mercure n'est que le 10e de celui de la Terre. Par conséquent, à cause de son petit diamètre et de son grand éloignement de la Terre (21 millions de lieues environ), il n'est guère supposable que cette planète exerce une grande influence dans les perturbations atmosphériques par rapport à nous ; aussi n'en est-il question ici que pour ordre.

Vénus est environ les 9/10es du volume de la Terre, mais d'une densité ou d'un poids beaucoup plus considérable ; sa distance de nous, lors de ses conjonctions inférieures, n'est que de 9,629,000 lieues ; elle n'est visible à l'œil nu que trois à quatre heures par jour, soit le matin vers l'Orient, soit le soir vers le Couchant ; vers sa conjonction inférieure, elle est complétement invisible, noyée qu'elle se trouve dans les rayons du Soleil.

La Terre est, après Vénus, la planète la plus rapprochée du Soleil ; elle en est à 34,762,000 lieues ; son mouvement de rotation sur elle-même se fait en 23 heures 56 minutes, et sa révolution autour du Soleil en 365 jours 1/4.

La Lune, satellite de la Terre, est pour nous, après le Soleil, le plus remarquable de tous les astres, son mouvement vrai est le plus prompt de tous ceux qu'on observe dans le ciel. Tous les mois elle change de figure, et fait le tour de la Terre dans un sens contraire à celui du mouvement général ; et tandis que chaque jour elle paraît se lever et se coucher comme les autres astres, en allant d'Orient en Occident, elle retarde et semble rester en arrière des étoiles, et reculer vers l'Orient. Ce mouvement particulier, au moyen duquel la Lune se retire peu à peu vers l'Orient, dans le temps qu'elle va, comme les autres astres, vers le Couchant, s'appelle le mouvement propre ou sidéral; il est très-sensible, puisque dans l'espace de 27 jours, 43 minutes, 11 secondes, la Lune, qui a paru d'abord auprès de quelque belle étoile, s'en détache, s'en éloigne, et fait le tour du ciel à contre-sens du mouvement diurne ou commun. A la fin du premier jour, elle s'en est éloignée de 13° longitude à peu près; le deuxième, elle en est à 26°; enfin, après 27 jours 2/3, environ, elle s'en est éloignée de 360°, et, par conséquent, est venue la rejoindre par le côté opposé.

Pendant ce mouvement ou révolution sidérale de la Lune, cette planète opère encore une seconde révolution, appelée révolution synodique, en 29 jours, 12 heures, 44 minutes, 2 secondes; c'est le temps qui s'écoule entre deux nouvelles lunes. En faisant cette révolution, elle forme quatre phases différentes : la première, quand elle se trouve avec le Soleil au même degré de longitude, s'appelle nouvelle Lune, conjonction ou syzygie ; elle est alors invisible à l'œil nu, la lumière du Soleil la dérobant à notre regard ; la seconde phase, quand la Lune est éloignée du Soleil, vers l'Orient, de 90° de longitude, se nomme premier quartier ou quadrature ; la troisième phase, quand elle se trouve à 180° du Soleil, c'est-à-dire du côté opposé au Soleil, s'appelle pleine Lune, opposition et aussi syzygie ; enfin la quatrième, quand elle s'est rapprochée du Soleil vers l'Occident de 90° longitude, s'appelle dernier quartier ou quadrature.

La Lune est environ 49 fois plus petite que la Terre. Comme elle se meut ainsi que toutes les planètes dans une orbite ayant forme d'ellipse, elle ne conserve pas toujours la même distance de la Terre, et son diamètre apparent change sensiblement ; sa distance moyenne est de 85,928 lieues. Quand elle se trouve au point le plus éloigné de la Terre, c'est-à-dire tous les mois environ, on dit qu'elle est en *apogée* ou *aphélie*, et quand elle est au plus près, ce point s'appelle *périgée* ou *périhélie*.

La distance de la Lune à la Terre se conclut de sa *parallaxe-horizontale*, et on appelle parallaxe l'arc compris entre le lieu véritable et le lieu apparent d'un astre ; la parallaxe du Soleil, d'une planète, de la Lune, est la différence du lieu où paraît un de ces corps célestes vu de la surface de la Terre, et celui où il paraîtrait si l'on était au centre.

La planète *Mars* est la plus rapprochée de la Terre après Vénus et la Lune ; elle n'est distante de la Terre, lors de son opposition, c'est-à-dire quand elle se trouve entre elle et le Soleil, que de 18,000,000 de lieues environ ; son diamètre est à peu près moitié de celui de la Terre, son volume est six fois celui de la Lune et elle est d'une densité moindre que la Terre ; sa révolution sidérale a lieu en 687 jours, et sa révolution synodique, ou le retour de ses appositions, a lieu tous les 780 jours en moyenne.

Jupiter est la plus grosse de toutes les planètes, elle est 1470 fois plus volumineuse que la Terre, mais d'une densité moins grande ; lors de ses oppositions qui ont lieu tous les 399 jours, sa distance de la Terre est de 146,000,000 de lieues environ, elle met 11 ans et 315 jours à parcourir son orbite.

La planète *Saturne* est 887 fois plus grosse que la Terre ; elle en est distante, lors de ses oppositions, qui reviennent tous les 378 jours, de 296,000,000 de lieues environ; sa révolution sidérale, c'est-à-dire autour du Soleil, s'effectue en 29 ans, 5 mois et 14 jours.

Quant à Uranus et à Neptune, leur faible volume, en proportion de celui de Jupiter et de Saturne et leur immense distance de la Terre faisant supposer comme à peu près nulle leur influence sur l'atmosphère de notre globe, nous ne nous en occuperons pas.

Indépendamment de leurs révolutions sidérale et synodique, chacune des planètes opère encore une troisième révolution, appelée révolution tropique ou de déclinaison, c'est-à-dire qu'elles oscillent, par rapport au Soleil, dans l'espace ou ceinture dont nous avons déjà parlé, qu'on appelle le Zodiaque, et qui s'étend sur 9 degrés de chaque côté de l'écliptique. Ces révolutions ont lieu, savoir : pour la Terre tous les 6 mois ; pour la Lune tous les 14 jours environ, et pour les autres planètes pendant des périodes de temps plus ou moins longues et indiquées par les calculs astronomiques. Ces dernières ont même des mouvements de rétrogradation également indiqués par la science ; c'est ce mouvement de déclinaison de notre planète qui forme, les Saisons et bien que ce soit la Terre qui opère cette révolution, pour mieux la démontrer, les astronomes l'attribuent fictivement au Soleil.

La Lune, nous le répétons, effectue ce mouvement de déclinaison tous les 14 jours environ, elle oscille pendant 14 jours du Midi au Nord, et pendant 14 autres jours du Nord au Midi, c'est-à-dire d'un tropique à l'autre qu'elle dépasse même quelquefois de plusieurs degrés, car elle va dans certaines périodes jusqu'au 29ᵉ degré de latitude, tandis que les cercles tropicaux ne sont qu'à 23° 27' de l'équateur. Donc, de même que le passage fictif du Soleil sous l'équateur tous les six mois, en mars et septembre, s'appelle Équinoxe de Printemps ou d'Automne, de même, le passage de la Lune sous la ligne équatoriale peut porter le nom d'Équinoxe de Lune, par la même raison aussi des autres planètes. Les Équinoxes de Vénus, lors

2.

de ses conjonctions inférieures, ont lieu tous les 6 ans, fin de février ou commencement de mars. Celles des autres planètes sont moins fréquentes.

Pendant ces mouvements de déclinaison ou révolutions tropiques, la Lune et les différentes planètes, vis-à-vis de la Terre, arrivent alternativement et même simultanément, quelquefois, à un point de déclinaison semblable, soit par rapport au Soleil, soit par rapport entre elles seulement, et particulièrement avec la Lune ; ce point de déclinaison identique s'appelle *conjugaison*.

Les points extrêmes de déclinaison Sud ou Nord de la Lune, s'appellent *Lunestice austral ou Lunestice boréal*, de même que l'extrême déclinaison *fictive* Sud ou Nord du Soleil se nomme, ainsi que nous l'avons déjà dit, Solstice d'Hiver ou Solstice d'Été ; quelquefois la Lune, à ces points extrèmes de déclinaison, reste stationnaire pendant 3 ou 4 jours.

Enfin, dans leurs révolutions sidérales, les planètes, comme cela a lieu pour la Lune à l'égard du Soleil, arrivent aussi alternativement ou simultanément, quelquefois à des points ou degrés de longitudes pareils, soit avec le Soleil, soit avec la

Lune, ou bien à des positions tout à fait contraires, ces points identiques s'appellent *conjonctions* et les points contraires se nomment *oppositions*; ainsi, les planètes Mercure et Vénus, comme du reste nous l'avons déjà expliqué, sont en conjonction inférieure, par rapport au Soleil et à la Terre, quand elles passent entre ces deux astres ; il en est de même avec la Lune, quand celle-ci passe entre elles et la Terre. Les planètes Mars, Jupiter et Saturne, sont en opposition avec le Soleil, quand elles sont à 180 degrés de longitude de cet astre, et elles sont en conjonction avec la Lune et entre elles, quand elles sont au même degré de longitude.

L'utilité des mouvements oscillatoires ou de déclinaison de la Terre, ou plutôt du Soleil, pour nous conformer à la méthode fictive des astronomes, est parfaitement démontrée par la périodicité des Saisons, qui concordent avec ces déclinaisons ; mais l'utilité, par rapport à la Terre, des révolutions de la Lune et des autres planètes est moins bien établie, ou plutôt ne l'est en aucune manière, La science astronomique n'attribue guère à la Lune qu'une certaine utilité par rapport aux marées océaniques, utilité qui serait d'une bien minime importance, si les révolutions lunaires devaient se borner à produire ce résultat, et même si cette science accorde cette fonction utile à la Lune, ce n'est que parce qu'elle suppose à cette planète une puissance attractive sur la surface des eaux de l'Océan, exclusivement, et précisément, cette puissance attractive n'est justifiée ni par la théorie de l'attraction elle-même avec laquelle elle est en opposition, ni par les faits qui, au contraire, lui donnent un démenti formel et presque continuel, ainsi que nous le démontrerons plus loin en traitant des marées océaniques.

Après avoir expliqué succinctement, comme nous venons de le faire, les différentes révolutions planétaires, nous allons formuler, comme il suit,

la théorie des Vents, basée sur celle de la compression atmosphérique.

———

Le Vent est l'air mis en mouvement par une cause quelconque.

Il y a trois causes qui contribuent à former le Vent :

1° La chaleur, qui produit la dilatation de l'air ;

2° Le froid, qui occasionne le rapprochement des molécules de l'air dilaté et la condensation des vapeurs contenues dans cet air, et, par conséquent, le vide ;

3° Enfin la compression de l'air par un corps quelconque qui lui est étranger.

Les couches d'air, échauffées et dilatées chaque jour par les rayons solaires, chassent nécessairement devant elles les masses d'air contiguës, et cela dans la direction opposée à la source d'où émane le calorique, ce qui forme, par conséquent, du vent, et le vent ainsi formé peut et doit s'appeler *vent par dilatation*.

A mesure que l'air échauffé, dilaté et saturé de vapeurs s'élève dans les régions froides de l'atmosphère, ou qu'il se rapproche des latitudes polaires, surtout la nuit, cet air se condense, et cette condensation, faisant le vide en rapprochant les molécules de l'air, appelle successivement, dans la direction de cette condensation, d'autre air échauffé, dilaté et également chargé de vapeurs, ce qui nécessairement produit un courant atmosphérique ; de même, lorsque les nuages formés par cette condensation fondent sous l'ardeur du Soleil, et en se rapprochant de la Terre par le fait de leur pesanteur ou d'une compression quelconque, il s'établit, conséquemment, un courant d'air occasionné, d'abord, par l'effet de la compression de ces nuages sur l'atmosphère qu'ils déplacent à mesure qu'ils descendent vers la Terre, et puis, par le vide qui s'opère à la suite de ces nuages, qui, en fondant, diminuent sensiblement de volume ; ce courant d'air ainsi formé par la condensation et le vide, peut être nommé vent par *soustraction ou par absorption*.

Notre souffle, c'est du vent, c'est l'air expulsé par la contraction et le rapprochement des parois de l'organe pulmonaire qui l'avait aspiré ; le soufflet produit du vent, en chassant l'air aspiré par le rapprochement de ses deux tables ; le mouvement de l'éventail ou de la main, qui frappe l'air, produit du vent ; une balançoire lancée avec force, une roue tournée rapidement, produisent du vent ; une locomotive roulant à grande vitesse, produit également du vent, etc. Le déplacement d'air que ces différentes causes produisent peut et doit s'appeler *vent par compression.*

Il y a donc trois natures ou espèces de vents :

Le vent par *dilatation ;*

Le vent par *absorption ;*

Et le vent par *compression.*

Les deux premiers sont chimiques et physiques tout à la fois; le troisième est purement mécanique.

Le Soleil, pendant son passage sur notre horizon, échauffe l'air, progressivement, à partir de son lever, jusqu'au moment où il parvient à notre zénith ou méridien, et progressivement aussi, cet échauffement ou cette dilatation de l'air diminue, à partir de ce moment, jusqu'au coucher du Soleil, où son action calorique cesse complétement d'agir sur l'atmosphère de notre hémisphère.

Les couches d'air, ainsi échauffées et dilatées chaque jour, chassent, dans toutes les directions, celles qui leur sont contiguës, et cela, à toutes les hauteurs de l'atmosphère.

Par son mouvement de rotation incessant, la Terre refoule constamment, dans la direction de ce mouvement, l'air dans lequel elle se meut. Ce déplacement d'air est semblable au déplacement d'eau produit par une barque qui, en glissant, refoule l'eau en avant, et de chaque côté de laquelle s'établit un courant qui va mourir à une certaine distance en arrière de la barque. La seule différence qu'il y ait entre l'effet du refoulement atmosphérique produit par la rotation de la Terre, et le refoulement d'eau produit par la barque, c'est que le refoulement atmosphérique a lieu, continuellement et simultanément, sur tous les points du globe compris dans le cercle de l'équateur, et que le courant atmosphérique qui se manifeste dans le sens contraire à ce refoulement, c'est-à-dire d'Orient en

Occident, est également incessant, comme le refoulement lui-même, et ces deux courants opposés au refoulement constituent ce qu'on appelle les *vents alizés;* ils sont le résultat de la *compression* et non de la *dilatation,* comme on le prétend par erreur ; la preuve :

1° C'est qu'ils ne règnent qu'entre les tropiques et seulement à partir du 3° degré de l'équateur. L'espace compris entre ces deux courants ou vents alizés s'appelle la région des calmes, interrompus assez fréquemment par des orages ou des coups de vent appelés tornados, qui sont le résultat du choc des deux vents alizés, occasionné par une autre compression atmosphérique du fait de la Lune, principalement, ainsi que des autres planètes, pendant leurs différentes révolutions. Rien ne représente mieux la région des calmes équatoriaux que la traînée de vapeur laissée derrière elle par la locomotive d'un chemin de fer ; car il se forme sous l'équateur ou plutôt entre les deux tropiques, selon la déclinaison du Soleil, et, par conséquent, les saisons, un cordon de nuages vaporeux qui semble faire le tour de la Terre, et qui produit, chaque nuit, les abondantes rosées tropicales si connues et si favorables à la végétation de ces contrées ;

2° C'est que ces vents ne soufflent que jusqu'à une certaine hauteur de la surface de la Terre, et nullement dans les hautes régions de l'atmosphère ;

3° C'est aussi, que ces mêmes vents ne se font sentir, dans le grand Océan Pacifique, qu'à une certaine distance des côtes américaines, à cause de la grande chaîne de montagnes appelées les Cordillières, qui les interceptent, de même qu'ils sont presque insensibles sur les continents, en raison des obstacles qu'ils y rencontrent ;

4° Enfin, c'est qu'ils règnent sans interruption et qu'ils n'ont lieu que dans une seule direction, l'Occident, tandis que s'ils étaient le résultat de la dilatation, ils devraient souffler dans toutes les directions à la fois, et n'exister que dans le jour pour être remplacés, la nuit, par des vents contraires.

La Lune principalement, et les autres planètes lors de leur passage sur l'horizon, refoulent aussi, incontestablement, l'air dans lequel elles se meuvent ; mais ce refoulement prend vis-à-vis de la

Terre toutes les directions; il contribue à pousser vers les pôles le courant d'air supérieur produit par la dilatation, de même qu'il augmente l'importance des vents alizés; il ne se manifeste sur notre horizon que pendant le passage de ces planètes sur ce même horizon; il a lieu, par conséquent, aussi bien le jour que la nuit.

Il y a aussi un vent d'Ouest qui, en approchant des cercles polaires, souffle constamment dans l'hémisphère sud et très-fréquemment dans l'hémisphère nord. Ce vent, dans chaque hémisphère, est le contre-courant du vent alizé de cet hémisphère. Sa constance, dans l'hémisphère austral, tient à l'absence de continents pour en arrêter le cours, tandis que, dans l'hémisphère boréal, il est souvent remplacé par les vents Nord-Ouest, Nord, Nord-Est et Est, qui s'établissent à mesure que diminuent et cessent les condensations de vapeurs amenées dans ces latitudes polaires par la dilatation et la compression de l'air.

Dans l'hémisphère boréal, ces vents principaux éprouvent des dérivations résultant de la topographie des continents. Ainsi, le vent alizé éprouve une dérivation vers le Nord au contact des Cordillières, en Amérique, des côtes de la Nouvelle-Hollande, de l'Archipel chinois et des montagnes de la Lune, en Afrique ; et ce sont ces dérivations qui occasionnent, à certaines époques de l'année, les grandes moussons ou périodes pluvieuses, que l'on remarque particulièrement dans les mers des Indes, de Chine et des Antilles.

Dans l'hémisphère austral, le contre-courant du vent alizé, ou vent d'Ouest, n'éprouve qu'un seul point d'interception ou d'arrêt, c'est aussi au contact des Cordillières en Patagonie et au Chili. Aussi les énormes nuages de neige que ce vent d'Ouest charrie constamment en approchant de cette immense chaîne de montagnes où ils viennent se heurter, et où ils rencontrent, aussi, une déviation sud du vent alizé de cet hémisphère et une température plus élevée, y déversent des pluies torrentielles et d'une abondance inconnue ailleurs que sur les cimes des Cherraponjies, en Asie ; on a constaté qu'il était tombé plus de 3 mètres d'eau en 41 jours.

La constance de ce vent d'Ouest austral l'a fait

comparer par le lieutenant Maury, dans sa *Géo-graphie physique de la mer*, à un *train express*, tandis qu'il appelle celui de l'hémisphère nord *train omnibus*. D'un côté comme de l'autre, dit ce savant Américain, la locomotive va avec la même vitesse ; mais seulement, dans le second cas, c'est-à-dire du vent d'Ouest boréal, on perd du temps dans les stations, dans les mouvements de gare. Cette comparaison est très-juste, en raison des obstacles que ce dernier vent rencontre dans son parcours, ce qui, joint aux condensations qui s'effectuent, alors, au contact de ces obstacles, le convertit souvent, ainsi que nous le disions plus haut, en vent Nord-Ouest, Nord, Nord-Est et même en vent d'Est, sur le continent européen.

Entre les deux tropiques règne aussi constamment, un grand courant océanique appelé courant équatorial. Ce courant est l'effet de la compression faite sur les eaux de la mer, par les vents alizés qui règnent, sans interruption, dans ces parages, ainsi que nous venons de l'expliquer. Ces vents et ce courant suivent la même direction, ils vont de l'Est à l'Ouest; cela se comprend facilement, puisque l'un est la conséquence des autres.

Dans l'Océan Pacifique, le point de départ de ce grand courant n'a lieu, dans toute sa plénitude, qu'à environ 25° longitude des côtes américaines, point où commencent seulement à souffler dans toute leur force les vents alizés, à cause, ainsi que nous l'avons déjà dit, de l'obstacle qu'ils rencontrent dans la chaîne de montagnes régnant le long des côtes occidentales de l'Amérique.

A partir de ce point, le courant en question se dirige vers l'Australie et les côtes de Chine, en s'élargissant, considérablement, vers l'hémisphère austral et beaucoup moins dans l'hémisphère boréal.

Ce courant, de même que les vents alizés, arrivé sur les côtes de la Nouvelle-Hollande, y rencontre un obstacle, ainsi que dans les îles de l'archipel qui se trouve au nord. Alors, la portion de ce courant qui ne peut circuler librement à travers ces nombreuses îles, pour gagner la mer des Indes, remonte vers le Nord, en suivant les îles Philippines et celles du Japon, jusqu'au détroit de Behring.

Dans l'Océan Indien, ce même courant, dont le point de départ commence aux côtes de l'Australie et aux îles de la Sonde, s'écarte de chaque côté de l'équateur. La partie qui s'écarte vers le Nord se dirige, moitié environ vers le golfe du Bengale et moitié vers celui d'Arabie. La portion qui entre dans le golfe de Bengale le contourne en suivant les côtes de Coromandel et en revenant vers l'Archipel par le détroit de Malaca, et celle qui va vers le golfe d'Arabie contourne également ce golfe en suivant la côte de Malabar, pour revenir le long des côtes d'Arabie et d'Afrique, passer dans le canal de Mozambique en rejoignant la partie sud de ce même courant qui va se perdre dans le grand Océan Austral, moins, cependant, une portion qui continue de côtoyer l'Afrique, jusqu'au delà du cap de Bonne-Espérance.

Enfin, dans l'Océan Atlantique, ce courant équatorial prend naissance dans le golfe de Guinée et se dirige vers les côtes du Brésil, où il se partage en deux parties au cap Saint-Roch ; là plus faible partie s'en allant vers le cap Horn et la majeure partie, prenant la direction de la mer des Antilles, pour remonter ensuite vers l'Océan glacial à travers l'Atlantique septentrional, où il prend alors le nom de *Gulf-Stream*.

Tous les autres courants de la mer ne sont que des dérivés ou des contre-courants du *grand fleuve équatorial*.

C'est cet immense courant et ses dérivés qui forment les marées océaniques que les astronomes attribuent, bien à tort, à la puissance attractive du Soleil et de la Lune.

Astronomiquement parlant, la théorie de l'attraction peut être fondée ; météorologiquement, elle ne l'est nullement et ne peut se soutenir que par un raisonnement complétement faux, ainsi que nous allons le démontrer péremptoirement.

Chaque jour il se passe sur la mer, mais seulement dans les océans et dans les mers qui y aboutissent, quatre phénomènes très-importants appelés marées ; il y a deux hautes et deux basses marées chaque jour, c'est-à-dire que pendant six heures, l'eau de la mer se dirige, de chaque côté de l'équateur, vers les pôles, et, ensuite, se retire vers ce même équateur pendant six autres heures ; le résultat de ces flux et reflux alternatifs, est que l'eau monte de plusieurs mètres à certains endroits des côtes qui bordent les océans et les mers où ces marées se produisent, et, qu'ensuite, elle redescend dans les mêmes proportions.

Suivant la science astronomique, appliquée à ces phénomènes, ces flux et reflux de la mer seraient la conséquence de la puissance attractive combinée du Soleil et de la Lune.

D'après des calculs, ces marées sont annoncées longtemps d'avance, doivent arriver infailliblement à l'heure indiquée et monter à la hauteur fixée par les tables préparées à cet effet.

Si le fait répondait toujours à la prédiction, rien de mieux, le principe ou la théorie sur laquelle on base les marées ne pourrait être contesté ; mais une quantité innombrable d'exemples prouvent le contraire, il est bien rare même que la hauteur indiquée pour chaque marée se réalise exactement, ou elle est au-dessous du chiffre marqué, ou bien elle le dépasse ; ce défaut d'exactitude doit nécessairement être causé par un vice majeur de la théorie ; en effet, cette théorie est entachée d'un vice radical, en ce sens que le principe attractif ne joue aucun rôle dans ces phénomènes, qui reposent complétement sur une théorie opposée, c'est-à-dire sur celle de la compression atmosphérique.

En faisant jouer à la Lune, pour expliquer les marées, un rôle attractif, les astronomes donnent un démenti formel à la théorie de l'attraction ; car, de deux choses l'une, ou c'est la Terre qui tourne autour de la Lune, ou bien c'est le contraire ; si c'est la Lune qui tourne autour de la Terre, comme cela est prouvé et incontesté, loin d'exercer sur la Terre une puissance attractive, c'est au contraire la Lune qui subit l'influence attractive de la Terre, puisqu'elle décrit un orbite autour de celle-ci ; son rôle se borne donc à une puissance compressive sur l'atmosphère qui environne la Terre et dans laquelle la Lune se meut et opère ses diverses révolutions.

Si l'effet des marées était dû à l'attraction et

particulièrement à celle de la Lune, la haute mer devrait correspondre, non au passage de la Lune au méridien, mais à son passage au méridien opposé ; car, dans le premier cas, l'Océan devrait être attiré vers l'équateur et non refluer vers les pôles.

Comment concevoir que le Soleil, assez puissant pour attirer la Terre dans son orbite, exerçât, sur les eaux de l'Océan, une attraction moindre que la Lune ?

Comment expliquer aussi que la Lune, attirée par la Terre dans son orbite, puisse attirer à son tour, à elle, l'eau de l'Océan, cette simple portion du globe qui serait, dès lors, sans attraction sur la Lune ; la Terre est une unité qui ne doit point agir par fraction.

Si la Lune avait la puissance d'attirer à elle les eaux de la mer, elle aurait bientôt des mers dont elle est totalement privée ; car, pourquoi son action s'arrêterait-elle à soulever de plusieurs mètres les eaux de l'Océan, comme une simple bande élastique, l'attraction se faisant d'une manière incessante et continue ?

A ces raisons, déjà concluantes, il y a lieu d'en ajouter encore une autre, non moins valable, c'est que, si les marées résultaient de la force attractive, et cette attraction se manifestant avec plus d'énergie sous la perpendiculaire de la Lune qu'ailleurs, les marées les plus hautes, comme les plus basses, devraient avoir lieu sur les côtes les plus voisines de la ligne perpendiculaire parcourue chaque jour par la Lune ; précisément, c'est le contraire qui a lieu, car les marées sont, pour ainsi dire, nulles sur les côtes d'Afrique et de l'Amérique méridionale, et elles ne prennent de l'importance que dans l'hémisphère boréal, à mesure que les côtes s'éloignent de l'équateur ; ainsi les plus fortes marées de l'Océan Atlantique ont lieu : dans la baie de Saint-Malo ; dans le canal de Bristol ; dans la baie de Fundy (Amérique du Nord) ; elles sont insignifiantes dans le grand Océan et dans la mer des Indes, sous les latitudes tropicales, tandis qu'elles sont excessivement fortes à l'embouchure de la mer Rouge, dans le golfe Persique, dans celui du Bengale et dans les mers de Chine et du Japon.

Les marées sont le résultat du mouvement rotatoire de la Terre qui produit les vents alizés. Ces vents, augmentés par l'action calorique du Soleil et par la compression de l'atmosphère, du fait de la Lune et des autres planètes, occasionnent le grand courant équatorial dont nous avons parlé précédemment, et ce sont les dérivés de ce grand fleuve océanique qui forment les marées en question et dont l'importance résulte, en outre, du point de résistance que les courants dérivés rencontrent sur les rives où les marées ont lieu.

Les calculs astronomiques peuvent, aussi bien, et même avec plus d'exactitude, s'appliquer à cette théorie de la-compression qu'à celle de l'attraction.

Les marées correspondent avec le passage du Soleil ou de la Lune au méridien; celles qui correspondent avec le passage du Soleil seul, sont toujours moins fortes que celles qui coïncident avec le passage de la Lune. Cette circonstance prouve que la Lune a plus d'influence que le Soleil sur ce phénomène.

Le retard que la Lune éprouve, chaque jour. dans sa révolution synodique, occasionne aussi un semblable retard de 50 minutes environ, sur le retour des marées, qui se manifestent dans les ports de la Manche 36 heures environ après le passage du Soleil ou de la Lune au méridien.

Si les marées provenaient immédiatement de l'attraction exercée par la Lune sur les eaux de la mer, à l'instant de son passage au méridien du lieu ; dans tous les ports océaniques du globe, la haute marée devrait se produire à une égale distance du passage de la Lune à ce méridien, et c'est précisément ce qui ne se produit pas ; donc, l'attraction ne saurait donner du phénomène, une explication qui ne soit démentie par toutes les circonstances mêmes du phénomène.

Les plus hautes marées possibles auront lieu dans les circonstances suivantes :

1° Quand le *Soleil*, *Vénus* et *la Lune* seront en conjonction, et les planètes *Mars*, *Jupiter* et *Saturne* en opposition, et que ces conjonction et opposition coïncideront avec leur conjugaison sous l'équateur et avec leur même direction vers le pôle Nord ;

2° Ensuite, quand Vénus sera également en conjonction inférieure avec le Soleil et que les autres planètes, y compris la Lune, seront en opposition, et dans les mêmes circonstances de déclinaison et de direction que précédemment.

Ces deux circonstances, les plus importantes, sont excessivement rares et difficiles à prévoir.

L'importance des marées diminuera en raison des situations moins combinées du Soleil et des planètes, de leurs déclinaisons et de leurs directions diverses, de sorte que la marée la plus faible, sera quand toutes les planètes seront au delà du Soleil par rapport à la Terre et à la Lune, c'est-à-dire en conjonction supérieure, et que la Lune en apogée, et le Soleil, seront dans l'hémisphère austral et auront des directions différentes l'un de l'autre.

A l'appui de l'opinion que nous venons de formuler contre la théorie de l'attraction appliquée aux marées, et pour confirmer celle de la compression, nous allons citer quelques cas saillants et récents, parmi une foule d'autres que l'on pourrait relever.

En septembre 1855, sur la foi des calculs astronomiques qui indiquaient comme devant être la plus forte marée de l'année, celle du 27 septembre, côtée 1,14, sur l'Annuaire du bureau des longitudes, la réclame intéressée s'était emparée de cette prédiction pour attirer aux bains de mer l'affluence des curieux ; or, il s'est trouvé que cette marée était une des plus faibles de l'année ; pourquoi cela ? Cependant le Soleil et la Lune étaient dans le voisinage de l'équateur et la Lune était en périgée, de plus, elle était en opposition et en conjugaison avec le Soleil, et en outre, deux planètes, Vénus et Jupiter, se trouvaient près de leurs conjonction et opposition ; oui ! mais la Lune se dirigeait vers le Nord et le Soleil vers le Sud, et les deux planètes avaient aussi des directions opposées.

On avait également annoncé, par la voie de la presse, que le 5 octobre 1857, la marée offrirait à Quillebœuf, un mascaret formidable ; elle était cotée 1,11 sur le même Annuaire, cependant la prédiction s'est encore trouvée en défaut, et cela par la même raison.

On se rappelle encore la réclame faite en faveur de la marée du 9 mars 1860, qui devait être la plus forte du siècle, car elle était marquée 1,17 ; il en fut tout autrement, encore par la raison des directions différentes de la Lune et du Soleil.

D'un autre côté, d'après l'Annuaire en question, la marée du 12 mars 1861, qui était marquée comme une des plus faibles, c'est-à-dire 0,88, fut, au contraire, très-forte ; cependant la Lune était près de son apogée, circonstance défavorable, mais elle était nouvelle, en équinoxe, en conjugaison avec le Soleil et avait la même direction que lui, et de plus, deux planètes, Jupiter et Saturne, qui étaient près de leurs oppositions, se trouvaient dans l'hémisphère boréal et déclinaient aussi dans le même sens que le Soleil et la Lune.

Le 13 mars 1862, on écrivait de Caudebec au *Journal de Rouen* : « Le flot vient de passer à l'instant même, il est sept heures et demie et, chose rare, la barre a déjà beaucoup plus de violence que dans les marées ordinaires, les éteules se formaient déjà en ondulations de $1^m,50$ de profondeur sans toutefois éclater encore ; que sera-ce donc dimanche 16 (jour de la pleine Lune), lundi, mardi et même mercredi prochains. La marée de pleine Lune de février a été des plus violentes, et les attérissements qui restaient du côté nord du fleuve, ont peu à peu disparu ; on peut croire qu'à la marée de 1,08 de dimanche, il n'en restera plus. »

Ces marées extraordinaires avant la syzygie, et non prévues par les calculs astronomiques, étaient le résultat de la compression combinée du Soleil et de la Lune avec trois planètes : Vénus, qui était en conjonction inférieure le 26 février et de plus en équinoxe et en périgée ; Jupiter et Saturne, qui étaient en opposition les 10 et 13 mars, et qui, le 14, se trouvaient en conjonction avec la Lune, laquelle, en équinoxe le 15, en conjugaison avec le Soleil le 16, et pleine ce même jour et en conjugaison avec Vénus, arrivait, en outre, près de son périgée.

L'importance de la marée de pleine Lune de février a tenu à des combinaisons à peu près semblables.

Enfin, en octobre 1862, de grandes marées ont eu lieu, depuis le 16 octobre, notamment, jusqu'au 24 ; d'après l'Annuaire du bureau des Longitudes, celle du 24 seule devait être forte ; cependant ce fut celle du 20 qui dépassa toutes les autres. Comment expliquer cela d'après la théorie de l'attraction, ce serait fort embarrassant, pour ne pas dire impossible, tandis que par la théorie de la compression la chose est très-facile.

Le 16 octobre, la planète *Mars*, en opposition depuis le 6, était en équinoxe, et à partir de ce même jour 16, de violentes tempêtes se sont fait sentir jusqu'au 23, jour de la nouvelle Lune ; ces tempêtes, comme les grandes marées qui ont eu lieu, étaient le résultat de la compression exercée par cette planète sur l'atmosphère et par suite sur les eaux ; le 20, par suite de l'équinoxe de la Lune et, par conséquent, de sa *conjugaison* du 19, avec cette planète, il y a eu recrudescence de tempête et augmentation de marée ; voilà ce qui explique parfaitement pourquoi les marées des 16 au 23, surtout celle du 20, furent plus fortes que celle du 24, bien que cette dernière qui, du reste, était assez belle, fût une marée de syzygie et que la Lune fût en périgée.

Ainsi que nous l'avons déjà dit, le Soleil, seul, ne peut être cause des variations atmosphériques, son action unique rendrait la Terre stérile et inhabitable, conséquemment ; la régularité de ses déclinaisons occasionnerait pareille régularité dans la répartition du calorique et des vapeurs sur notre globe ; d'ailleurs, l'irrégularité que l'on remarque dans les saisons, détruit complétement cette fausse idée, il y a donc nécessairement une autre cause dans les variations atmosphériques, et chercher cette cause ailleurs que dans les révolutions planétaires, ce serait perdre son temps.

La théorie compressive de l'atmosphère appliquée aux vents alizés, aux courants de la mer et aux marées océaniques, s'applique également et, à plus forte raison, aux variations atmosphériques. Tous ces phénomènes s'enchaînent, découlent les uns des autres, subissent les mêmes lois, obéissent aux mêmes influences.

Sans la Lune et les autres planètes, les vapeurs que le Soleil aspire le jour, retomberaient toutes en pluie ou en rosée la nuit, ou bien se perdraient dans l'immensité céleste ; alors, l'espace dans lequel l'évaporation et la condensation auraient lieu, se rétrécirait constamment vers l'équateur et les latitudes polaires finiraient par se dessécher de plus en plus; rien ne s'oppose même à croire que dans ce cas, le dessèchement complet de la Terre arriverait rapidement.

Rien ne s'oppose non plus à croire ou supposer que, malgré même les planètes, qui arrêtent on plutôt atténuent l'incessante évaporation produite par le Soleil, le dessèchement complet de notre globe ne doive arriver dans l'avenir, mais dans un avenir bien reculé, il est vrai ; car nos traditions portent également à croire que la Terre, primitivement, était totalement couverte d'eau et inhabitée, par conséquent, et que les continents et les îles n'ont successivement surgi du sein des eaux que par suite de cette même évaporation, ce qui ferait présumer que les vapeurs aspirées par le Soleil ne se condensent pas toutes sur la Terre, et qu'une partie s'élève dans les hautes régions de l'atmosphère, pour aller se condenser autour des planètes supérieures, ou bien contribuer à la formation des *comètes* qui sont des globes de glace voguant, à travers l'espace, sans direction définie jusqu'alors.

En dehors de la théorie compressive des planètes, comment expliquer ces brusques changements de température, ces variations inattendues qui font : qu'aujourd'hui le temps est calme et magnifique, qu'aucun nuage n'obscurcit le ciel, et que demain tout est changé : l'atmosphère se charge progressivement de vapeurs et de nuages ; l'air, qui était calme, est violemment agité ; le vent souffle avec furie, le tonnerre gronde, la foudre éclate, l'eau tombe à torrents, les fleuves débordent ; aujourd'hui c'est une pluie douce ; demain c'est, au contraire, une pluie glaciale, dé la neige, etc. Le Soleil seul ne pourrait occasionner ces phénomènes si brusques, si fréquents et si imprévus jusqu'à présent ; il faut de toute nécessité qu'une cause en dehors de l'influence solaire vienne produire ces perturbations, et, nous le répétons, chercher cette cause ailleurs que dans les influences planétaires, c'est commettre une erreur profonde. En effet, il est incontestable que les planètes, la Lune, principalement, à cause de sa proximité de la Terre et en raison de ses révolutions si multiples et si diverses, exercent, par l'effet de la compression, une influence considérable et très-marquée sur l'atmosphère, qu'elles déplacent constamment et plus ou moins sensiblement pour nous, selon leur distance de la Terre et leur volume, et selon aussi les différentes combinaisons qui s'opèrent entre elles et avec le Soleil pendant leurs révolutions respectives.

Le déplacement d'air qu'elles occasionnent conjointement avec le mouvement rotatoire de la Terre et l'action calorique du Soleil, produit, ainsi que nous l'avons suffisamment expliqué, les vents alizés et les courants de la mer; en même temps il précipite vers la Terre les vapeurs aspirées par le Soleil et arrivées dans les régions supérieures de l'atmosphère terrestre.

Ces précipitations sont plus remarquables et plus considérables, d'abord, quand plusieurs planètes se trouvent en même temps au plus près possible de la Terre et dans des positions de déclinaison et de longitude les plus favorables à cette précipitation, occasionnée alors par un ensemble de compressions atmosphériques simultanées ou successives.

C'est dans l'hémisphère austral qu'a lieu la plus grande évaporation, à cause naturellement de la plus grande étendue de mer régnant dans cette partie du globe, de même que c'est dans l'hémisphère boréal que la plus grande condensation s'opère. Une partie des vapeurs aspirées par le Soleil dans l'hémisphère sud passe dans l'autre hémisphère, au moyen du flux atmosphérique occasionné par les révolutions planétaires. C'est surtout, à partir de l'équinoxe de septembre, jusqu'à celui de mars que ce transport de vapeurs d'un hémisphère à l'autre est plus considérable, parce que c'est aussi à partir de cette époque, que le Soleil, qui se trouve alors de ce côté de la Terre, fait sa plus grande évaporation, comme c'est, également pendant ce temps, que la plus grande condensation a lieu dans l'hémisphère boréal.

Cette traversée de vapeurs, de l'hémisphère sud à l'hémisphère nord, a lieu en grande abondance, particulièrement vers l'époque du solstice d'hiver, alors surtout que la Lune se trouve en périgée, en conjonction ou en opposition avec le Soleil, et en même temps en conjugaison. Cette époque est ordinairement marquée par des tempêtes, et ces tempêtes sont d'autant plus fortes, que des planètes, en conjonction ou en opposition, viennent augmenter la pression atmosphérique.

Les tempêtes et les pluies sont d'autant mieux caractérisées, que les combinaisons solaires, lunaires et planétaires sont plus nombreuses et mieux disposées, quant aux déclinaisons et aux directions.

Les équinoxes de Soleil et de planètes occasionnent ordinairement de grandes pluies ; les solstices aussi, surtout celui d'hiver ; les lunestices également, et particulièrement quand ils concordent avec des combinaisons solaires et planétaires bien caractérisées, et des syzygies.

Les grandes pluies d'équinoxes et de solstices, coïncident avec les grandes marées et les tempêtes.

Les pluies les plus abondantes ont lieu sous les tropiques et sur les versants des grandes chaînes de montagnes exposées aux vents alizés ou aux dérivés et contre-courants de ces vents et dans les hautes latitudes. Ainsi, par exemple, toute la partie des deux Amériques, située au levant de la grande chaîne de montagnes régnant du nord au midi de ce continent, est très-pluvieuse, tandis que le versant opposé, si ce n'est vers les hautes latitudes, reçoit très-peu de pluie. L'Abyssinie et l'extrémité sud de l'Afrique, reçoivent aussi de grandes pluies; c'est de l'Abyssinie que viennent les eaux abondantes qui occasionnent les débordements du Nil. Les Indes, la Chine et le Japon sont également assujettis à de très-fortes pluies périodiques. Il en est ainsi du midi de la France et du nord de l'Italie et de l'Afrique, de la Suède, de la Laponie et de la Finlande. Ce sont les grandes chaînes de montagnes, qui règnent dans ces contrées voisines de la mer, qui provoquent des condensations de vapeur plus considérables qu'ailleurs, attendu la basse température qui existe à leur sommet, et de l'obstacle qu'elles apportent à la circulation de l'air et des nuages.

En Europe, ce sont les parties méridionales qui, l'hiver, reçoivent le plus d'eau, tandis que c'est le contraire en été. Cela, du reste, est facile à expliquer et à comprendre; l'évaporation, de même que la condensation, concordent naturellement avec les déclinaisons du Soleil.

Une statistique faite pendant un certain nombre d'années à l'appui de cette théorie, démontre que les années les plus abondantes en pluie sont celles qui correspondent avec le passage du plus grand nombre de planètes dans le voisinage de la Terre, et particulièrement lorsque ces planètes, *Mars* surtout, restent un certain temps dans le plan de l'équateur. Les années 1839, 1841, 1843, 1844, 1845, 1849, 1852, 1854, 1856, 1860 et 1862 le prouvent parfaitement, surtout les mois d'avril et mai 1856, les mois de juin, juillet et août 1860, ainsi que l'automne et l'hiver 1862, où la planète *Mars* se trouvait en équinoxe.

Le 4 juin 1839, il tombait 112 millimètres d'eau à Bruxelles en 24 heures, sous l'influence de trois planètes, Mars, Jupiter et Saturne, en conjugaison avec la Lune qui était en équinoxe.

Le 18 du même mois, sous l'influence des mêmes planètes, surtout de Mars en conjugaison et en opposition avec la Lune, qui était encore en équinoxe à cette époque, une trombe ravageait la commune de Chatenay, près Paris.

Les 27 et 30 mai 1841, sous l'influence de quatre

planètes et de la Lune, un orage extraordinaire ravageait l'arrondissement d'Avallon, et une trombe terrible se déchaînait à Courthezon (Vaucluse).

En juin 1843, des inondations **eurent lieu** sous l'influence des trois planètes Mars, Jupiter et Saturne.

En juillet, août, septembre et octobre 1844, des pluies très-abondantes eurent lieu en France sous l'influence des planètes Vénus, Jupiter et Saturne.

Le 19 août 1845, sous la pression atmosphérique de Saturne, qui était en opposition depuis le 8 ; de la Lune, qui était en périgée le 15 et pleine le 17 ; de Mars, qui était en opposition le 18 et en périgée, et encore de la Lune, qui était en équinoxe le 19 et en conjonction avec Mars et Saturne, une trombe affreuse désolait les vallées de Monville et de Malaunay, près Rouen.

Le 22 septembre de la même année, sous l'influence des mêmes planètes, de l'équinoxe du Soleil et d'un lunestice boréal, une autre trombe causait de grands ravages à Montélimart.

L'hiver de 1845 à 1846, qui fut très-doux sous l'influence d'une comète, qui apparut le 19 décembre et dura jusqu'au 22 avril, fut aussi très-humide, sous l'influence de Vénus qui se trouvait en équinoxe.

Le 15 février 1847, sous la seule influence de la Lune en syzygie et en périgée, mais en conjugaison avec le Soleil et ayant la même direction, de fortes pluies occasionnèrent le débordement de la Moselle. Il est tombé, ce jour, 26 millimètres d'eau à Dijon, et 33 millimètres à Metz.

En février 1850, sous l'influence des planètes Mars et Jupiter, de fortes pluies eurent lieu qui occasionnèrent une grande crue : de la Seine, de la Loire, de la Meuse et de la Saône.

Sous l'influence de Vénus combinée avec la Lune, des grêles énormes sont tombées : en juin 1852, sur les Bouches-du-Rhône ; en juillet, à Arcis-sur-Aube, et dans Saône-et-Loire en août.

En mai, juin et juillet 1854, entre deux apparitions de comètes et sous l'influence des pressions atmosphériques par les planètes Mars, Vénus et Jupiter, combinées avec la Lune; il tombait des pluies torrentielles et des grêles énormes en différents endroits, notamment en Belgique, à Strasbourg, etc. Il est tombé pendant ces trois mois à Paris : 80 millimètres d'eau en mai, 160 mill. en juin et 81 mill. en juillet ; et dans le Bas-Rhin : 106 mill. en mai, 198 en juin et 98 en juillet. Les orages furent très-fréquents.

Les 17, 18, 19 et 20 janvier 1855, sous la seule influence de la Lune combinée avec le Soleil, des tempêtes avec grandes pluies eurent lieu dans le midi de la France. La Lune était en lunestice austral le 17 ; elle était nouvelle et en périgée le 18, et en conjugaison avec le Soleil les 19 et 20.

En avril, mai et juin 1857, sous l'influence de Vénus, beaucoup de pluies avec orages, tempêtes et ouragans.

Fin de mars et commencement d'avril 1858, sous l'influence de la planète Mars, combinée avec la Lune, de très-fortes marées eurent lieu avec tempêtes et pluies.

En novembre et décembre 1858, sous l'influence des planètes Vénus et Jupiter, de très-fortes pluies eurent lieu dans le Midi ; il est tombé à Alger, en décembre, 342 millimètres d'eau, et en janvier 1859, sous la même influence, il tombait également à Alger 289 millimètres d'eau pendant 21 jours de pluie.

En mars 1861, sous l'influence des équinoxes de Soleil et de Lune combinés avec les influences de Jupiter et de Saturne, de grandes marées eurent lieu ainsi que nous l'avons déjà dit, accompagnées de tempêtes et de fortes pluies.

On pourrait extraire de la statistique où nous avons puisé ces renseignements, beaucoup d'autres exemples, mais nous pensons que ceux qui précèdent suffiront, amplement, pour satisfaire le lecteur.

Les températures si variées, si diverses, que l'on remarque dans la même saison, sont produites par les mêmes causes ; les saisons, qui sont l'effet des déclinaisons du Soleil, subissent des variations ou perturbations du fait des planètes, selon leurs différentes révolutions, et aussi du fait des comètes lorsqu'il en apparaît ; car, comme réflecteurs des rayons solaires sur la Terre, elles en augmentent la température, tout en exerçant une pression atmosphérique, selon leurs grandeurs et leurs distances ; les années 1811 (sans remonter plus haut), 1822, 1844, 1845 à 1846, 1854, 1857, 1858, 1859 et 1861, le prouvent suffisamment.

Les années d'apparition de comètes, sont des années de grandes évaporations, de même que les années qui les suivent, sont des années de grandes condensations,

Il est remarquable, qu'en dehors des déclinaisons du Soleil, les températures baissent ou montent en raison, aussi, des déclinaisons australes ou boréales des planètes, de la Lune particulièrement, et en raison encore de leurs distances de la Terre et des saisons ; le passage des planètes dans le voisinage de la Terre, en hiver, tend à faire monter la température ; l'été, c'est le contraire ; cela se comprend en raison des condensations qu'elles produisent.

La théorie qui précède a été établie par nous, mais modifiée et augmentée, sur les données de Lamark, de Raspail et de l'abbé Toaldo; ce dernier, après cinquante années d'observations, était arrivé à établir des règles de prévoyance pour les jours de changement de temps, d'après lesquelles les probabilités que le temps changerait à chaque point lunaire étaient dans le rapport suivant :

Nouvelles Lunes.	6	contre 1
Premiers quartiers.	2 1/2	— 1
Pleines Lunes.	5	— 1
Derniers quartiers.	2 1/2	— 1
Périgées.	7	— 1
Apogées	4	— 1
Équinoxes ascendants. . .	3 1/4	— 1
Lunestices septentrionaux.	2 3/4	— 1
Équinoxes descendants. . .	2 3/4	— 1
Lunestices méridionaux. .	3	— 1

C'est-à-dire, qu'on pouvait parier, par exemple, 6 contre 1, qu'une nouvelle Lune amènerait un changement de temps, et de même des autres, selon le rapport marqué dans la table.

Des observations de cet homme instruit et persévérant, il résultait :

1° Qu'un point lunaire quelconque changeait l'état du ciel, produit par un point précédent, et qu'il était rare qu'un changement de temps arrivât sans un point lunaire ;

2° Que ceux qui produisaient le plus d'effet étaient les syzygies unies aux apsides dont voici le rapport de leurs forces changeantes :

Nouvelle Lune,	avec le périgée.	33	contre	1
	avec apogée. .	7	—	1
Pleine Lune,	avec le périgée.	10	—	1
	avec apogée. .	8	—	1

3° Que le concours de ces points lunaires amenait ordinairement des orages, et que leur force perturbatrice était d'autant plus forte, que ces points réunis étaient près des passages de la Lune à l'équateur, surtout dans les mois de mars et septembre ;

4° Qu'aux nouvelles et pleines Lunes de mars et de septembre et même des solstices (celui d'hiver surtout), l'atmosphère **prenait un caractère** marqué pour trois mois, quelquefois pour six ;

5° Que les nouvelles Lunes qui ne changeaient point le temps étaient celles qui se trouvaient loin des apsides ;

6° Que, quoiqu'il était vrai que chaque point lunaire changeait l'état du ciel produit par un point précédent, on remarquait, cependant, que certains points lunaires penchaient à amener le mauvais temps et d'autres le beau temps ; ceux du premier cas étaient : les périgées, les nouvelles Lunes, les pleines Lunes, les passages à l'équateur et le lunestice septentrional, et ceux du deuxième cas, les premiers et derniers quartiers et le lunestice méridional ;

7° Enfin, qu'il était rare qu'un changement arrivât le jour même du point lunaire, que tantôt il le devançait, tantôt il le suivait, qu'à cet égard on remarquait que les changements qu'ils produisaient anticipaient dans les six mois d'hiver et retardaient dans les six mois d'été.

Nous allons dresser, pour terminer ce travail, un calendrier pour l'année 1864, contenant la position des planètes et leurs combinaisons, ce qui permettra aux personnes qui le voudront bien, de se rendre compte de la théorie que nous avons développée, et d'en faire l'application.

CALENDRIER PLANÉTAIRE

ANNÉE 1864

JANVIER.

1 Vendredi.
2 Samedi.   Dernier quartier.
3 Dimanche.
4 Lundi.
5 Mardi.
6 Mercredi.
7 Jeudi.   Lunestice austral.
8 Vendredi.
9 Samedi   Nouvelle Lune, périgée de la Lune.
10 Dimanche.
11 Lundi.
12 Mardi.   Equinoxe de Lune.
13 Mercredi.
14 Jeudi.
15 Vendredi.   Premier quartier.
16 Samedi.
17 Dimanche.
18 Lundi.
19 Mardi.   Lunestice boréal.
20 Mercredi.
21 Jeudi.
22 Vendredi.
23 Samedi.   Pleine Lune.
24 Dimanche.   Apogée.
25 Lundi.
26 Mardi.
27 Mercredi.   Équinoxe de Lune.
28 Jeudi.
29 Vendredi.
30 Samedi.
31 Dimanche.   Conjugaison du Soleil avec la Lune.

6

FÉVRIER.

1 Lundi.   Dernier quartier.
2 Mardi.
3 Mercredi.   } Lunestice austral.
4 Jeudi.
5 Vendredi.   Conjugaison du Soleil avec la Lune.
6 Samedi.
7 Dimanche.   Nouvelle Lune, périgée.
8 Lundi.
9 Mardi.   Équinoxe de Lune.
10 Mercredi.
11 Jeudi.
12 Vendredi.
13 Samedi.
14 Dimanche. Premier quartier.
15 Lundi.   } Lunestice boréal.
16 Mardi.
17 Mercredi.
18 Jeudi.
19 Vendredi.
20 Samedi   Apogée.
21 Dimanche.
22 Lundi.   Pleine Lune.
23 Mardi.   Équinoxe de Lune.
24 Mercredi. Conjugaison de Saturne avec la Lune.
25 Jeudi.   Conjugaison du Soleil avec la Lune.
26 Vendredi. Conjonction de Saturne avec la Lune.
27 Samedi.
28 Dimanche.
29 Lundi.   Lunestice austral.

MARS.

1 Mardi.   Dernier quartier, Lunestice austral.
2 Mercredi.
3 Jeudi.
4 Vendredi.
5 Samedi.
6 Dimanche. Périgée de la Lune. Conjugaison du Soleil avec
              la Lune.
7 Lundi.   Équinoxe de Lune et Conjugaison avec Saturne.
8 Mardi.   Nouvelle Lune.
9 Mercredi.
10 Jeudi.
11 Vendredi.
12 Samedi.
13 Dimanche.
14 Lundi.   } Lunestice boréal.
15 Mardi.   } Premier quartier.
16 Mercredi.
17 Jeudi.
18 Vendredi.   Apogée.
19 Samedi.
20 Dimanche. Équinoxe de Soleil. }
21 Lundi.   Equinoxe de Lune. } Conjug. du Soleil avec la Lune.
22 Mardi.   Conjonct. et conjugaison de Saturne avec la Lune.
23 Mercredi. Pleine Lune.
24 Jeudi.
25 Vendredi.
26 Samedi.
27 Dimanche. Conjugaison et conjonction de Jupiter avec la Lune.
28 Lundi.
29 Mardi.   } Lunestice austral.
30 Mercredi. Dernier quartier et Conjugaison avec Jupiter.
31 Jeudi.

AVRIL.

1 Vendredi.

2 Samedi.

3 Dimanche. Périgée de la Lune. *Opposition de Saturne* 3° 17' déclinaison australe ascendante.

4 Lundi. Équinoxe de Lune et conjugaison avec Saturne.

5 Mardi. Conjugaison du Soleil avec la Lune.

6 Mercredi. Nouvelle Lune.

7 Jeudi.

8 Vendredi.

9 Samedi.

10 Dimanche. } Lunestice boréal.

11 Lundi.

12 Mardi.

13 Mercredi.

14 Jeudi. Premier quartier.

15 Vendredi. Apogée. Conjugaison du Soleil avec la Lune.

16 Samedi.

17 Dimanche.

18 Lundi. Équinoxe de Lune et conjugaison avec Saturne.

19 Mardi.

20 Mercredi. Conjonction de Saturne avec la Lune.

21 Jeudi.

22 Vendredi. } Pleine Lune.

23 Samedi. } Conjonction et conjugais. de Jupiter avec la Lune.

24 Dimanche. } Lunestice austral.

25 Lundi.

26 Mardi.

27 Mercredi. Conjugaison de Jupiter avec la Lune.

28 Jeudi.

29 Vendredi. Dernier quartier.

30 Samedi. Périgée, conjugaison de la Lune avec Saturne.

MAI.

1 Dimanche. Équinoxe de Lune.

2 Lundi.

3 Mardi.

4 Mercredi.

5 Jeudi. Conjugaison du Soleil avec la Lune.

6 Vendredi. Nouvelle Lune.

7 Samedi.
8 Dimanche. } Lunestice boréal.

9 Lundi.

10 Mardi. Conjugaison du Soleil avec la Lune.

11 Mercredi.

12 Jeudi. *Opposition de Jupiter*, 17° 21', déclinaison australe
ascendante.

13 Vendredi. Premier quartier. Apogée.

14 Samedi.

15 Dimanche. Équinoxe de Lune.

16 Lundi. Conjugaison de Saturne avec la Lune.

17 Mardi. Conjonction de Saturne avec la Lune.

18 Mercredi

19 Jeudi.

20 Vendredi. Conjonction de Jupiter avec la Lune et conjugais.

21 Samedi. } Pleine Lune.
22 Dimanche. } Lunestice austral.
23 Lundi.

24 Mardi. Conjugaison de Jupiter avec la Lune.

25 Mercredi.

26 Jeudi. Périgée.

27 Vendredi.

28 Samedi. Dernier quartier. Équinoxe de Lune.

29 Dimanche. Conjugaison de Saturne avec la Lune.

30 Lundi.

31 Mardi.

6.

JUIN.

1 Mercredi.
2 Jeudi.
3 Vendredi.
4 Samedi.   Nouvelle Lune. } Lunestice boréal.
5 Dimanche.
6 Lundi.
7 Mardi.
8 Mercredi.
9 Jeudi.
10 Vendredi. Apogée.
11 Samedi.   Équinoxe de Lune.
12 Dimanche. Premier quartier et conjug. de Saturne avec la Lune.
13 Lundi.
14 Mardi.   Conjonction de Saturne avec la Lune.
15 Mercredi.
16 Jeudi.   Conjonction et conjugaison de Jupiter avec la Lune,
17 Vendredi.
18 Samedi.   } Lunestice austral.
19 Dimanche. } Pleine Lune.
20 Lundi.
21 Mardi.   Solstice d'été. Conjugaison de Jupiter avec la Lune.
22 Mercredi. Périgée.
23 Jeudi.
24 Vendredi.
25 Samedi.   Équinoxe de Lune.
26 Dimanche. Dernier quartier.
27 Lundi.
28 Mardi.
29 Mercredi.
30 Jeudi.

JUILLET.

1 Vendredi.
2 Samedi.   } Lunestice boréal.
3 Dimanche.
4 Lundi   Nouvelle Lune.
5 Mardi.
6 Mercredi.
7 Jeudi.   Apogée.
8 Vendredi.
9 Samedi.   Equinoxe de Lune.
10 Dimanche.
11 Lundi.
12 Mardi.   Premier quartier.
13 Mercredi.
14 Jeudi.   } Conjonction et conjug. de Jupiter avec la Lune.
15 Vendredi.
16 Samedi.   } Lunestice austral.
17 Dimanche.
18 Lundi.   Conjugaison de Jupiter avec la Lune.
19 Mardi.   Pleine Lune.
20 Mercredi. Périgée.
21 Jeudi.
22 Vendredi. Équinoxe de Lune.
23 Samedi.
24 Dimanche.
25 Lundi.   Dernier quartier.
26 Mardi.
27 Mercredi. Conjugaison du Soleil avec la Lune.
28 Jeudi.
29 Vendredi. } Lunestice boréal.
30 Samedi.
31 Dimanche. } Conjugaison du Soleil avec la Lune.

AOUT.

1 Lundi.
2 Mardi.   Nouvelle Lune.
3 Mercredi.
4 Jeudi.   Apogée
5 Vendredi.   Équinoxe de Lune.
6 Samedi.
7 Dimanche.
8 Lundi.
9 Mardi.
10 Mercredi.   Premier quartier.
11 Jeudi.
12 Vendredi.
13 Samedi.   } Lunestice austral.
14 Dimanche.
15 Lundi.
16 Mardi.
17 Mercredi.   Pleine Lune. Périgée.
18 Jeudi.   Équinoxe de Lune.
19 Vendredi.
20 Samedi.
21 Dimanche.   Conjugaison du Soleil avec la Lune.
22 Lundi.
23 Mardi.
24 Mercredi.   Dernier quartier.
25 Jeudi.   Lunestice boréal.
26 Vendredi.
27 Samedi.
28 Dimanche.
29 Lundi.
30 Mardi.   Conjugaison du Soleil avec la Lune.
31 Mercredi.   Apogée.

SEPTEMBRE.

1 Jeudi.   Nouvelle Lune. Équinoxe de Lune.
2 Vendredi.
3 Samedi.
4 Dimanche.
5 Lundi.
6 Mardi.
7 Mercredi. ⎫
8 Jeudi.   ⎬ Lunestice austral.
9 Vendredi. ⎭ Premier quartier.
10 Samedi.
11 Dimanche.
12 Lundi.
13 Mardi.
14 Mercredi.   Périgée.
15 Jeudi.   Pleine Lune. Équinoxe de Lune. Conjugaison avec
               le Soleil.
16 Vendredi.
17 Samedi.
18 Dimanche.
19 Lundi.
20 Mardi.   ⎫
21 Mercredi. ⎬ Lunestice boréal.
22 Jeudi.   ⎭ Dernier quartier. Équinoxe de Soleil.
23 Vendredi.
24 Samedi.
25 Dimanche.
26 Lundi.
27 Mardi.   Apogée.
28 Mercredi.
29 Jeudi.   Équinoxe de Lune. Conjugaison avec le Soleil.
30 Vendredi.   Nouvelle Lune.

OCTOBRE.

1 Samedi.

2 Dimanche.

3 Lundi.

4 Mardi.

5 Mercredi.

6 Jeudi.   } Lunestice austral.

7 Vendredi.

8 Samedi.   Premier quartier.

9 Dimanche.

10 Lundi.

11 Mardi.   Conjugaison du Soleil avec la Lune.

12 Mercredi. Équinoxe de Lune.

13 Jeudi.   Périgée.

14 Vendredi.

15 Samedi.   Pleine Lune.

16 Dimanche.

17 Lundi.

18 Mardi.   } Lunestice boréal. Conjonct. de Mars avec la Lune.

19 Mercredi.

20 Jeudi.

21 Vendredi.

22 Samedi.   Dernier quartier.

23 Dimanche.

24 Lundi.

25 Mardi.   Apogée.

26 Mercredi. Équinoxe de Lune.

27 Jeudi.

28 Vendredi.

29 Samedi.   { Conjugaison de la Lune avec le Soleil.

30 Dimanche. { Nouvelle Lune.

31 Lundi.

NOVEMBRE.

1 Mardi.
2 Mercredi. } Lunestice austral.
3 Jeudi.
4 Vendredi.
5 Samedi.   Conjugaison du Soleil avec la Lune.
6 Dimanche.
7 Lundi.   Premier quartier.
8 Mardi.   } Équinoxe de Lune.
9 Mercredi.
10 Jeudi,   Périgée.
11 Vendredi.
12 Samedi.
13 Dimanche. Pleine Lune.
14 Lundi.   } Conjonction de Mars avec la Lune.
15 Mardi.   } Lunestice boréal.
16 Mercredi.
17 Jeudi.
18 Vendredi.
19 Samedi.
20 Dimanche.
21 Lundi.   Dernier quartier.
22 Mardi.   Apogée. Équinoxe de Lune.
23 Mercredi.
24 Jeudi.
25 Vendredi.
26 Samedi.
27 Dimanche.
28 Lundi.
29 Mardi. Nouvelle lune. } Lunestice austral.
30 Mercredi.   } Opposition de Mars, 23°43' décl. bor.

DÉCEMBRE.

 1 Jeudi.
 2 Vendredi.
 3 Samedi.
 4 Dimanche.
 5 Lundi.
 6 Mardi.   Premier quartier. Périgée et Équinoxe de Lune.
 7 Mercredi.
 8 Jeudi.
 9 Vendredi.
10 Samedi.
11 Dimanche. } Conjonction de Mars avec la Lune.
12 Lundi.   } Lunestice boréal.
13 Mardi.   } Pleine Lune.
14 Mercredi.
15 Jeudi.
16 Vendredi.
17 Samedi.
18 Dimanche.
19 Lundi.;   Apogée. } Équinoxe de Lune.
20 Mardi.
21 Mercredi. Dernier quartier. Solstice d'hiver,
22 Jeudi.
23 Vendredi.
24 Samedi.
25 Dimanche.
26 Lundi.
27 Mardi.   } Lunestice austral.
28 Mercredi. } Nouvelle Lune.
29 Jeudi.
30 Vendredi.
31 Samedi.

LA VENTE A LA FOLLE ENCHÈRE

[illegible]